LA

CRUAUTÉ ENVERS LES ANIMAUX,

C'EST LA RUINE.

OUVRAGES DU MÊME AUTEUR

ET A LA MÊME LIBRAIRIE.

Le Mariage au XIXe siècle, ce qu'il est, ce qu'il doit être. — 1862, 1 vol. in-18. . . . . 1 f. »

Hygiène publique. Analyse du rapport général des travaux du Conseil de salubrité du département de la Seine (1849-1858). — 1863, 1 vol. in-18. . . . . 2 50

Almanach général des chemins de fer pour 1864, 1865, 1866 et 1867, avec la collab. de MM. Babinet, Perdonnet, etc., avec cartes et gravures, Brochure in-32, l'une . . . . . . » 50

En vacance. — Alsace et Vosges, avec gravures et carte. — 1865, 1 vol. in-18. . . . . 2 »

Entretiens populaires :

1re série. — Leçons de MM. Babinet, Ph. Chasles, Barral et Perdonnet. — 1861, 1 vol. in-16. . . . . 1 »

2e série. — Leçons de MM. Babinet, Geoffroy-Saint-Hilaire, Barral, Bouchardat, Perdonnet, Homberg et Etex. — 1862, 1 vol. in-16 (2e édition) . . . . 2 »

3e série. — Leçons de MM. Babinet, Trousseau, de Lesseps, Bouchardat, Barral, Thierry et Samson. — 1863, 1 vol. in-16 (2e édition). . . . . 2 »

4e série. — Leçons de MM. Bouchardat, Duval, Samson, Barral, Paulin-Paris, Babinet, Perdonnet et Batbie. — 1864, 1 vol. in-16. 2 »

5e série. — Leçons de MM. Passy, Duval, Barral, Saint-René-Taillandier et Bouchardat. — 1865, 1 vol. in-16. . . . . 1 »

6e série (1re partie). — Leçons de MM. A. Burat, Batbie et Ch. Duveyrier. — 1866, 1 vol. in-16 . . . . 1 »

6e série (2e partie). — Leçons de MM. Passy, Franck, Martelet. — 1866, 1 vol. in-16. . . . . 1 »

7e série. — Leçons de MM. Barral, Bouchardat, Babinet, Franck, Simonin et E. Thévenin. — 1867, 1 vol. in-16 . . . . 1 »

Cours d'économie industrielle : 1867, 1868, 7 vol. in-16, l'un . . . . 1 »

ORLÉANS, IMP. DE G. JACOB, CLOITRE SAINT-ÉTIENNE, 4.

OUVRAGE HONORÉ D'UNE MÉDAILLE DE BRONZE

PAR

LA SOCIÉTÉ PROTECTRICE DES ANIMAUX.

LA

CRUAUTÉ ENVERS LES ANIMAUX,

C'EST LA RUINE.

TROIS HISTOIRES VRAIES

DÉDIÉES AUX CONDUCTEURS DE CHEVAUX

Par Evariste THEVENIN

Membre adjoint à la Commission d'hygiène du 6e arrondissement de Paris,
ancien Secrétaire de la Société protectrice des animaux,
lauréat de la Société protectrice de Lyon,
Membre honoraire de la Société protectrice de Dresde (Saxe).

PARIS
CÉLESTIN GAUGUET, LIBRAIRE-ÉDITEUR
18, RUE HAUTEFEUILLE, 18

1868

A M. LE DOCTEUR BLATIN,

Premier Vice-Président de la Société protectrice des animaux.

MON CHER DOCTEUR,

Je venais d'être frappé de l'irréparable malheur qui, pour toujours, empoisonne ma vie, lorsque, sympathisant à ma douleur, non par ces paroles banales, vaines consolations dont le monde indifférent est si prodigue pour les malheureux, mais par des conseils virils, vous me dîtes :

« Levez-vous et suivez-moi; vous êtes malheureux, il y en a d'autres qui le sont aussi, faute de secours. Venez avec moi, et tâchons de leur être utiles. — Dans ces soins vous ne trouverez ni la consolation ni l'oubli, mais une diversion à l'idée fixe qui vous ronge ; — votre activité, au lieu de rester stérile en s'épuisant en de vains gémissements, pourra être féconde en s'occupant des autres. »

Je vous crus, et, sur votre recommandation, j'eus l'honneur de devenir membre de la Société protectrice des animaux et bientôt l'un de ses secrétaires.

C'est à vous, cher docteur, que je dois d'avoir compris qu'en protégeant les animaux, c'est la vie de l'homme qu'on améliore, car on le moralise en l'instruisant.

Permettez-moi donc de vous dédier ces *Trois Histoires vraies* que la Société protectrice a daigné honorer d'une de ses récompenses. Offrir ces modestes pages à l'auteur de NOS CRUAUTÉS ENVERS LES ANIMAUX (ce beau livre qui devrait être classique) serait un acte de présomption bien ambitieuse, si j'avais en mon pouvoir un autre moyen de vous témoigner publiquement toute ma sympathique reconnaissance.

Veuillez donc agréer cette dédicace, non pour la valeur de l'œuvre, mais pour le sentiment qui me pousse à vous l'offrir, et croyez-moi, mon cher docteur, votre très-dévoué et très-reconnaissant,

Évariste THÉVENIN.

INTRODUCTION

L'homme n'est pas né *méchant*, mais *ignorant* et *impatient*.

Détruisez l'ignorance,
Enseignez la patience,

et l'homme sera doux et humain pour les bêtes comme pour les gens.

C'est dans l'espoir, sinon d'atteindre, du moins de faciliter ce résultat, que nous avons écrit ces TROIS HISTOIRES VRAIES.

Nous les dédions

A TOUS CEUX QUI CONDUISENT DES CHEVAUX.

Qu'ils les lisent.

Et ils verront qu'en traitant bien leurs chevaux ils éviteront de nombreux désagréments, et que leur intérêt et leur cœur y trouveront profit et satisfaction.

AU VILLAGE

VENTE PAR AUTORITÉ DE JUSTICE

— Père Mathurin, voyez comme il y a des gens qui ont de la chance et d'autres qui n'en ont pas !

— Tais-toi donc, François, il n'y a pas de chance qui tienne; tant vaut l'homme, tant vaut la terre, et chacun a le sort qu'il mérite.

— Tenez, voilà ce pauvre Jeannot, qui a commencé en même temps que vous. Il est entré dans une aussi belle ferme que la vôtre il y a dix ans; aujourd'hui, vous êtes le plus riche des fermiers, et, lui, il en est le plus pauvre, car c'est demain que, chassé de chez lui, il va voir tout vendre! C'est pourtant un homme dur au travail et qui ne s'amuse pas! Non da! on ne l'a jamais vu au cabaret. Dieu n'est pas juste, voyez-vous, père Mathurin; pourquoi tout aux uns, rien aux autres?

— Tais-toi, malheureux! tu blasphèmes, et tu ne sais ce que tu dis. Veux-tu savoir pourquoi Jeannot, loin de prospérer, s'est ruiné?

— Oui, contez-moi ça, car je n'y comprends rien.

— Je vais te le dire. Tu verras que si la punition est dure, la faute n'est pas légère.

— Voyons ça, je vous écoute.

— Comme tu le dis, Jeannot est un rude

travailleur, âpre au gain, couché le dernier, levé le premier, toujours occupé; jamais un instant de repos, encore moins de distraction, c'est vrai; mais aussi, il est dur et impitoyable pour le pauvre monde et pour les bêtes. A-t-il jamais donné un liard à un pauvre? Il se serait cru ruiné.

— Ça, c'est vrai, mais ce n'est pas là ce qui a pu l'appauvrir.

— Il en est résulté que les gens qu'il employait, surmenés par sa vigilance incessante, ne se gênaient pas de se croiser les bras dès qu'il avait le dos tourné; et ainsi, quand il était forcé de s'absenter, il perdait plus qu'il n'avait gagné par le travail exagéré que, présent, il avait obtenu d'eux.

— Dame! ces hommes n'étaient pas de fer!

— Mais pour les bêtes, c'était bien pis encore! Qu'achetait-il en fait de bestiaux? Ceux dont personne ne voulait. Il les obtenait pour quelques écus, et il croyait avoir fait un bon marché.

— Ah! dame! il déliait difficilement les cordons de sa bourse.

— Si encore il les eût bien traités, peut-être aurait-il tiré d'eux des services qu'au premier coup d'œil on les aurait crus incapables de rendre; mais, loin de là, la force qui leur manquait, il croyait la leur rendre par les coups qu'il leur prodiguait.

— Ah! mais oui, il a un fouet rudement emmanché!

— Au lieu d'avoir trois bons percherons à sa charrue, il y attelait deux maigres rosses, et malgré les coups dont il les rouait, il mettait à labourer ses champs trois fois plus de temps qu'il n'en eût mis avec deux bons chevaux.

— Dame! ces pauvres bêtes pouvaient à peine se traîner!

— La lenteur de son labour retardait ses semailles, et à la moisson, il coupait dix gerbes là où il en aurait récolté vingt, s'il eût semé en temps utile.

— Ah! oui, ses granges étaient toujours trop grandes.

— Allait-il au bois avec son attelage, il était rare qu'il ne lui arrivât pas d'accident, sans parler du temps qu'il perdait. Les chevaux, exténués, s'abattaient sous le poids de la charge; il cassait ses voitures, ses harnais, et le charron, le maréchal, le bourrelier, pourraient te dire que ce pauvre Jeannot était, pour les réparations, leur meilleure pratique.

— Ah! oui, et ils ne travaillent pas pour rien!

— C'est à peine s'il pouvait, après leur mort, vendre la peau de ses chevaux, tant elle était lacérée de coups de fouet. Rien ne le décourageait; malgré ses mécomptes, il persistait dans ce système, aussi ruineux qu'inhumain.

— Il est si entêté!

— Pour ses vaches, c'était la même chose: il n'achetait que le rebut, et Dieu sait comment il les nourrissait. L'homme dur aux animaux finit par devenir indélicat aux hommes. C'est ainsi que nos haies, nos traînes, nos *bouchures*, devaient fournir la nourriture à ses vaches, et tu sais combien il a eu de procès-verbaux et tout l'argent que ses prétendues économics lui ont coûté !

— Ah ! oui, les huissiers et les juges de paix, ça ne marche pas pour rien !

— On dit : Pas d'argent, pas de suisse ; il en est de même pour les vaches : Pas de fourrage, pas de lait. Il en récoltait moins que nous, et le peu qu'il obtenait valait moins que le nôtre.

— C'est vrai ça ; ma femme m'a souvent dit que le beurre qu'il faisait ne valait pas cher.

— Enfin, ce qui lui a porté le dernier coup, c'est la *clavelée,* qui a détruit sa bergerie. S'il avait soigné ses brebis comme je soigne les miennes ; si, pour ne pas épargner les gages d'un berger, il les avait envoyées aux champs, à la rivière ; s'il avait tenu ses étables propres ;

si, enfin, il les avait traitées comme on doit traiter toutes les bêtes du bon Dieu qui nous sont si utiles, il ne serait pas ruiné. Il serait devenu, sinon riche, du moins aisé, grâce au secours que nous tirons de tous ces animaux quand ils sont bien soignés.

— Ma foi, père Mathurin, je vous avoue que je n'avais pas pensé à tout cela; mais tout ce que vous venez de dire est vrai, et je reconnais maintenant que ce qui a manqué à Jeannot pour devenir riche, CE N'EST PAS LA CHANCE, MAIS UN BON CŒUR.

SUR LES ROUTES

LE ROULIER

— Hue!... aille!... huo!... allons donc, rosse!... Ah! le fouet ne te fait plus rien! Tiens, vlà du manche! Aille!... Ah! tu ne le sens pas! Attends, va, je vais prendre ma tavelle! Carcan, va! il faudra bien que tu marches, je te tuerai plutôt!

Et disant ces mots, un roulier débraillé, à face avinée, le brûle-gueule aux lèvres, saisissait sa tavelle et s'apprêtait à frapper sur un pauvre cheval qui faisait de vains efforts pour monter une côte trop ardue. La malheureuse bête suait, soufflait, renâclait, grattait le sol avec ses sabots, faisait inutilement jaillir les étincelles des cailloux. Vains efforts! impossible de démarrer!

Tout à coup, d'une maison voisine sort un vigoureux charron qui s'écrie :

— Eh bien! quand tu l'auras tué ton cheval, en seras-tu plus avancé?

— De quoi te mêles-tu? répond le roulier; est-ce que ça te regarde? Est-il à toi ce cheval?

— Non, mais tu n'as pas le droit d'assommer un pauvre animal. Il y a des lois maintenant pour les bêtes comme pour les gens, et tu ne dois pas plus battre un cheval que battre un homme.

— Ah! vraiment! reprend le roulier. Eh bien! qui donc m'en empêchera?

— Qui? moi!

— Toi!

— Oui, moi!

— Viens-y!

Le charron ne se le fait pas dire deux fois. Il s'élance, et saisissant à la cravate le brutal roulier, il le couche sur une des roues de la voiture et l'y presse si violemment, que le roulier, pour respirer, desserre les dents et laisse tomber sa pipe, qui se brise en mille morceaux.

— Je ne te lâcherai qu'à une condition, dit le charron.

Mais le roulier ne pouvait répondre: il étouffait sous la vigoureuse étreinte du charron; cependant, de la tête il fait signe qu'il accepte.

— Au lieu de battre ton cheval, tu vas pousser à la roue jusqu'en haut de la côte.

Nouveau signe d'assentiment du roulier.

Le charron le lâche et lui permet de respirer.

— Je ne te croyais pas si fort, dit le roulier, quand il eut reprit haleine.

— Que cela te serve de leçon. Allons! marchons!

Le charron appelle son fils, un jeune garçon de douze ans, et lui dit :

— Tu vas prendre la bride du cheval pour le diriger, et nous, nous allons pousser à la roue.

Aussitôt, le roulier d'un côté, le charron de l'autre et l'enfant en avant, la voiture s'ébranle, le cheval marche, et dix minutes plus tard la côte est franchie.

En redescendant au village, le père raconte à l'enfant l'histoire suivante :

— Que la vie de ce roulier te serve d'exemple, mon enfant! Tu vas voir d'où il est parti pour arriver où il est.

Son père était greffier de la justice de paix du canton de X... En sa qualité de fils unique, choyé, fêté, soigné, il eut la plus douce enfance. Est-ce à la faiblesse de ses parents ou à son caractère naturellement pervers qu'il dut ses mauvaises passions ? Je l'ignore; mais le fait est que, tout jeune encore, au grand désespoir de ses braves parents, il était la terreur de la ville : casserolles attachées à la queue des chiens, chats pendus aux cordons de sonnettes ou lancés sur la glace avec des coquilles de noix collées aux pattes, oiseaux plumés vifs, nids détruits, etc., il n'est pas de cruautés qu'il ne se plût à exercer contre les animaux. De temps en temps, il recevait bien quelque bonne correction; mais, la douleur passée, ses mauvais instincts reprenaient le dessus, et il recommençait ses barbares espiégleries.

Malgré les bons exemples et les sages conseils qu'il recevait chez lui, il eut toujours le travail en horreur; aussi ne profita-t-il aucunement de l'instruction que ses parents payaient pour lui.

A l'âge de vingt-deux ans, il devint orphelin et recueillit une petite fortune d'environ trente mille francs. Cet héritage fut un calmant pour sa douleur, ou plutôt il n'en eut aucune, car ceux qui font par gaîté du mal aux bêtes ne retrouvent pas un cœur pour aimer leurs parents.

Après avoir dissipé en folies les trois-quarts de la succession, il eut l'idée de monter un service de roulage entre la ville de X... et le chef-lieu du département. C'était bien; mais ce qui fut mal, c'est la manière dont il en usa. Les chevaux, trop chargés et surmenés, recevaient plus de coups de fouet que de grains d'avoine; il en perdit plusieurs, et sa ruine complète s'avançait. Pensant qu'il réussirait mieux que ses domestiques, qu'il traitait aussi mal que ses chevaux, il se décida à conduire lui-même son attelage. Ce fut pis encore. A chaque cabaret il faisait une station, laissant sur la route ses chevaux exposés au soleil, à la pluie, aux mouches, au vent; puis, quand il avait perdu une heure à ces libations, il voulait rattraper le temps perdu, et les pauvres bêtes devenaient victimes de l'intempérance et de la brutalité de leur maître.

Les accidents, les procès-verbaux, l'irrégularité de son service, son état d'ivresse constant, achevèrent ce que la mort de sept à huit beaux chevaux avait commencé. Il fut complètement ruiné, et, comme on dit, d'*évêque il devint meunier.*

Maintenant, il est domestique de son concurrent, qui ne le gardera pas longtemps à son service, s'il continue à traiter ses chevaux comme tu l'as vu tout à l'heure.

Tu vois donc bien, mon enfant, que si ce n'est par HUMANITÉ, c'est au moins par INTÉRÊT qu'on doit bien traiter les chevaux.

DANS LES VILLES

HOMICIDE PAR IMPRUDENCE

Dans une des rues les plus fréquentées de Paris, dans le faubourg Montmartre, au coin de la rue Richer, venaient en sens inverse deux voitures lourdement chargées, l'une de moellons, l'autre de longues barres de fer. Déjà encombrée par des fiacres, des omnibus, des voitures à bras roulant ou stationnant, la chaussée était évidemment trop étroite pour que ces deux grosses charrettes pussent se croiser sans se heurter ; mais les charretiers, soit par entêtement, soit par un faux point d'honneur, ne voulant céder ni l'un ni l'autre, continuent à marcher en excitant leurs chevaux par de vigoureux coups de fouet. Ils crient, ils jurent, ils frappent à coups redoublés, cherchant à lutter de vitesse pour gagner la partie libre de la rue. Le malheureux limonier de la voiture chargée de fer, se sentant entraîné par le violent tirage des chevaux en flèche et écrasé par le propre poids de sa voiture lancée sur la pente, se roidit, s'arc-boute sur les jambes de derrière, se laisse traîner sur ses sabots. Malgré cet avertissement instinctif de la pauvre bête, le charretier continue et accélère ses coups; enfin, le malheureux cheval, perdant l'équilibre, se laisse cheoir, et, pendant une dizaine de mètres, il est traîné sous le poids des brancards par les chevaux en flèche vigoureusement lancés. Les deux voitures s'abordent par un choc violent. L'un des charretiers est serré entre les deux roues; la voiture de moellons fait pirouetter celle chargée de fer. Dans le demi-tour que ce choc leur imprime, les barres de fer balaient le trottoir, saisissent un passant, l'enlèvent, le précipitent et le serrent contre une devanture de boutique qui vole en éclats; le limonier abattu a la jambe cassée.

Que font les charretiers? Ils s'injurient; la foule s'amasse; les sergents de ville accourent et verbalisent. On transporte les blessés; on dételle les chevaux, dont l'un va être tué sur place par l'équarrisseur.

Ces épisodes, hélas! sont trop fréquents à

Paris, et nous ne prendrions pas la peine de raconter celui dont nous avons été témoin, sachant bien qu'il ne vous apprendrait rien de nouveau, si nous ne pouvions vous dire quelles en furent les conséquences.

Vous allez voir ce qui ressortit de ce brutal exploit, et comment les malheurs de tout genre tombèrent, dru comme grêle, sur le charretier blessé.

I

En voyant rapporter son mari tout sanglant, la femme éplorée envoie l'un de ses quatre enfants chercher un médecin. Après l'avoir attentivement examiné, le docteur hocha la tête et lui dit :

— La pression a été si violente, que vous pouvez avoir reçu quelque lésion interne. Nous le saurons positivement dans quelques jours. Dans tous les cas, votre rétablissement sera long. Il faut commencer par garder une diète sévère. Plus tard, si rien de grave ne se manifeste à l'intérieur, il vous faudra une bonne nourriture réconfortante, du vin vieux, et surtout le repos le plus absolu, au moins pendant un mois.

Cela dit, le docteur sortit.

Je vous laisse à penser de ce que dut être l'inquiétude d'une famille dont le chef, le gagne-pain, était déclaré en danger de mort, et dont le traitement devait être si long et si coûteux.

Pas d'épargnes dans le tiroir, une femme et quatre enfants !!!

II

A peine le médecin est-il parti qu'un agent du patron se présente :

— Mon pauvre Louis, dit-il, je t'apporte une mauvaise nouvelle.

— Parle, va, répond le charretier; dans ma position, je m'attends à tout.

— Eh bien! le patron, furieux de cet accident, qui n'est pas le premier, et qu'il impute à ta rudesse pour ses chevaux, t'envoie ton compte et te fait dire qu'il n'a plus besoin de tes services. Voilà vingt francs qui te sont dus et qu'il ne te retient pas, quoique ton entêtement doive lui coûter cher. Il paraît que le passant qui a été jeté dans la devanture de la boutique va très-mal, et le limonier qui s'est cassé la jambe lui avait coûté douze cents francs il y a huit jours.

— J'en suis désolé, reprend Louis; mais que veux-tu que j'y fasse ? Je n'ai pas de chance; ce qui est fait est fait.

L'employé se retire, laissant toute cette malheureuse famille en proie à la plus vive douleur et sans autre perspective que la misère !

III

Bientôt arrive un délégué du commissaire de police.

— Eh bien ! mon père Louis, dit-il, voilà la troisième fois que pareille chose vous arrive. Il vous en cuira. Vous saurez enfin ce qu'il en coûte pour surmener les chevaux.

— Que voulez-vous? répond le charretier; je n'ai pas de bonheur.

— Oui, mais à présent que le vin est tiré, il faut le boire.

— On le boira.

— Je viens pour m'assurer que vous n'êtes pas en état de fuir.

— Pourquoi cela?

— Parce que, aussitôt que votre santé le permettra, on vous transportera en prison.

— En prison!

— Oui, préventivement.

— Est-ce que ce sera long?

— Vous ne passerez en jugement qu'après la guérison ou la mort du passant que vous avez blessé.

— Tant pis.

— Oui, tant pis. Allons, adieu, soignez-vous bien, j'aurai l'œil sur vous.

Et l'agent sortit, laissant la famille du charretier de plus en plus désolée.

IV

Quinze jours plus tard, le passant blessé succombait des suites de la violente pression qu'il avait éprouvée. C'était aussi un pauvre père de famille, dont la mort réduisait à la misère une femme et deux enfants.

Huit jours après, le père Louis, à demi-rétabli, encore languissant et surtout profondément attristé par le spectacle navrant de sa femme et de ses enfants qui vivaient d'expédients, était conduit en prison.

V

Après un mois de prévention, il passait en jugement, et, ayant à répondre à une double accusation, il était condamné :

1° Pour homicide par imprudence, à CENT FRANCS d'amende et SIX MOIS de prison, en vertu de l'art. 319 du Code pénal;

2° Pour mauvais traitements envers les animaux, à CINQ FRANCS d'amende et DEUX JOURS de prison, en vertu de la loi du 2 juillet 1850.

Encore ne dut-il d'éviter une condamnation plus sévère qu'à la pitié inspirée aux juges par la vue de sa famille éplorée et misérable.

Son patron, civilement responsable (article 1384 du Code civil), était condamné à payer à la veuve du passant mort de ses blessures :

1° Dix mille francs, à titre de dommages-intérêts ;

2° Six cents francs de rente jusqu'à la majorité de l'enfant dernier-né.

VI

Ainsi, par suite de sa brutalité habituelle envers ses chevaux, ce charretier :

Avait été blessé ;

Forcé de garder le lit pendant un mois ;

Renvoyé de sa place ;

CONDAMNÉ A CINQ CENTS FRANCS D'AMENDE, SANS COMPTER LES FRAIS;

FAIT SEPT MOIS DE PRISON;

CAUSÉ A SA FAMILLE DES SOUFFRANCES INOUIES;

DONNÉ LA MORT A UN PÈRE DE FAMILLE;

ET PRESQUE RUINÉ SON PATRON.

Voilà où conduit la brutalité envers les animaux!

S'il eût eu pitié de ses chevaux lourdement chargés, s'il les eût arrêtés au lieu de les presser à coups de fouet, il aurait évité tous ces malheurs.

ÉPILOGUE

La Société protectrice des animaux, reconnue établissement d'utilité publique par décret impérial du 22 décembre 1860, placée sous le patronage du Ministre de l'agriculture, du commerce et des travaux publics, décerne, chaque année, des médailles, des primes en argent et autres récompenses :

. . . .

6° Aux BERGERS, aux SERVITEURS et SERVANTES DE FERME, aux CONDUCTEURS DE BESTIAUX, aux COCHERS, aux PALEFRENIERS, aux CHARRETIERS, aux MARÉCHAUX-FERRANTS, aux GARÇONS BOUCHERS, à toute personne, enfin, ayant fait preuve, à un haut degré, de bienveillance, de bons traitements et de soins assidus envers les animaux.

Pour l'année 1865-1866, elle a décerné, pour *protection et bons soins donnés aux animaux :*

15 Médailles d'argent, 59 Médailles de bronze, 19 Mentions honorables,	Aux bergers, garcons de ferme, etc.
18 Médailles d'argent, 10 Médailles de bronze,	Aux cochers de voitures de Paris.
5 Médailles d'argent, 8 Médailles de bronze,	Aux cochers d'omnibus.
5 Médailles d'argent, 5 Médailles de bronze, 6 Mentions honorables,	Aux garçons d'abattoir.

NOTE

LUE PAR M. ÉVARISTE THÉVENIN,

A la séance mensuelle du 16 mai 1867,

Sur l'Exposition de la Société protectrice des animaux

AU CHAMP-DE-MARS.

Mesdames et Messieurs,

Il y a longtemps qu'on a dit pour la première fois que les habitants de Paris connaissaient moins les merveilles de leur ville que les provinciaux ou les étrangers. La vie active, fébrilement agitée, qu'on y mène, explique jusqu'à un certain point, non pas cette insouciance, mais ce peu d'empressement à visiter les choses les plus curieuses de la capitale. « Nous n'avons pas le temps aujourd'hui, disent-ils ; ce sera pour un autre jour. » Et de remise en remise, il arrive souvent qu'ils quittent Paris ou même la vie sans avoir vu certaines curiosités qui les eussent intéressés, mais dont l'examen les eût détournés une heure de leurs occupations et de leurs habitudes ; c'est même, je crois, à cette particularité de notre caractère qu'est dû l'essor inouï qu'a pris la réclame dans nos mœurs. Il faut, avouons-le, battre la grosse caisse fort et longtemps pour que nous nous décidions à pénétrer dans l'intérieur du théâtre.

Ayant, après bien d'autres, constaté ce fait par de nombreuses observations et, confessons-le, par expérience personnelle, nous nous sommes proposé, dans ce petit compte-rendu, de surexciter votre curiosité assez vivement pour que vous ne laissiez pas arriver l'échéance fatale de l'Exposition universelle sans avoir visité l'exhibition spéciale de la Société protectrice des animaux.

Si nous ne réussissons pas à vous pousser au Champ-de-Mars en colonnes serrées, ce sera défaut d'habileté de notre part, car un vif intérêt vous y attend.

Si vous entrez au Champ-de-Mars par la porte d'honneur, c'est-à-dire par le pont d'Iéna, vous suivrez une large et belle avenue ornée de drapeaux, de banderolles et quelquefois surmontée d'un vaste *velum* de velours vert parsemé d'abeilles d'or. — A cette principale artère se rattachent, à droite et à gauche, de petites allées plus modestes qui conduisent dans les angles septentrionaux du Champ-de-Mars. Prenez la seconde allée à gauche, auprès du pavillon de la photosculpture, vous trouverez immédiatement un pavillon rustique surmonté d'une enseigne sur laquelle on lit en gros caractères : SOCIÉTÉ PROTECTRICE DES ANIMAUX. La façade de ce petit monument est revêtue des inscriptions suivantes :

Le juste prend soin de la vie des animaux ; mais le méchant est pour eux sans entrailles.

La cruauté envers les animaux rend le cœur insensible aux souffrances des hommes.

Tout ce qui aime a le droit d'être aimé ; tout ce qui souffre a un titre à la pitié.

L'homme est le roi des êtres inférieurs ; il ne doit pas en être le tyran.

De la brutalité envers l'animal à la cruauté envers l'homme, il n'y a de différence que la victime.

Sans la compassion pour les animaux, pas d'éducation complète, pas de cœur vraiment bon.

Dieu ne nous a pas donné deux cœurs, l'un cruel envers les animaux, l'autre bienveillant pour les hommes.

La pitié ne doit cesser que là où cesse la douleur.

La morale, qui est la même pour tous les dogmes religieux, dont quelques philosophes la disent même indépendante, la morale exerce la plus grande attraction sur le cœur de tous les hommes; aussi n'est-il pas un des visiteurs qui, après avoir lu ces sentences lapidaires, ne pénètre dans l'intérieur pour voir de quelle façon on a pu réaliser matériellement l'esprit de ces maximes. — Visiteur presque quotidien de l'Exposition, j'ai pu constater ce fait *de visu*, et je le signale avec fierté à MM. les misanthropes, qui sont toujours occupés à médire de l'homme, qu'ils ne connaissent que par leur propre miroir.

A l'intérieur, l'œil est immédiatement attiré par le buste du général Grammont, à qui cet honneur est légitimement dû, et par le médaillon du docteur Pariset, notre président fondateur.

De chaque côté de ces figures sont de nouvelles inscriptions dont la disposition typographique et la suite philosophique font le plus grand honneur aux honorables organisateurs de cette exposition. — Dans ces six inscriptions murales, un ardent appel en faveur de nos *protégés* est adressé à l'homme au point de vue du cœur et de l'intérêt; et, depuis la *moralisation de l'enfance* jusqu'au *développement des bons sentiments de l'homme pour ses semblables*, les yeux du lecteur passent par une gamme de nuances bien faite pour émouvoir tous ceux qui savent lire et sentir: les *récoltes sauvegardées*, la *salubrité de l'alimentation humaine*, le *travail plus profitable*, l'*adoucissement des mœurs* sont des faits qui découlent incontestablement de l'*enseignement des idées protectrices dans les écoles*, de la *protection aux oiseaux et aux mammifères insectivores*, de l'*amélioration du transport des animaux de boucherie*, du *perfectionnement des appareils de transport*, de l'*abolition des jeux cruels*, enfin de la *bienveillance envers les animaux*.

Comme vous le voyez, la Société protectrice a fièrement arboré son drapeau et ses maximes. Sa profession de foi éclate en saillants caractères, et les critiques auraient mauvaise grâce à venir nous relancer ces flèches dès longtemps émoussées sur notre insouciance pour les hommes que ne peut racheter à leurs yeux notre dévoûment aux animaux. La Société proclame hautement que le bien-être matériel et moral de l'homme est son but suprême, et que la protection dont elle entoure les animaux n'est qu'un moyen d'y arriver, car personne ne contestera que le jour où les animaux ne trouveront plus de tourmenteurs parmi les hommes, c'est que les hommes seront considérablement améliorés. Or, on ne devient meilleur que par l'instruction et par un travail rémunérateur, c'est-à-dire en possédant la quotité de bonheur auquel tout homme a droit sur notre planète.

Examinons donc ce qui a été fait dans cette voie.

Je vois des colliers qui ne peuvent plus blesser les chevaux; des fers qui doivent efficacement protéger leurs sabots; des appareils pour ferrer les animaux ombrageux sans être obligé de les rouer de coups; des chariots agencés de façon à reculer ou à démarrer les plus lourdes charges sans forcer les chevaux; des voitures munies d'appareils qui, aux descentes, déchargent le cheval du poids qui se multiplie par la pente et la vitesse accélérée; des systèmes de harnais tellement combinés, que le jeu d'une seule boucle permet de dételer instantanément un cheval abattu; d'autres qui, encapuchonnant les yeux du cheval emporté, sauvent d'une mort certaine le passant, le cavalier et sa monture.

Je n'en finirais pas, et je craindrais d'abuser de votre bienveillante patience, si je voulais seulement énumérer toutes ces curieuses inventions qui, si elles n'ont atteint du premier coup l'idéal de la perfection, témoignent au moins d'une manière irréfutable du dévoûment de leurs auteurs. Je voudrais pouvoir ici les nommer tous; mais j'espère que le *Bulletin* nous donnera cet intéressant détail. Forcé de me borner et de choisir, je ne vous nommerai que notre sympathique et honoré vice-président, M. le docteur Blatin, dont le dévoûment à notre Société n'a d'égal que son ingéniosité à créer et à publier les machines et les livres les plus utiles à la protection des animaux.

Au milieu de la salle se dresse une double tablette sur laquelle sont symétriquement rangées toutes les publications relatives à la Société protectrice. Ici encore l'abondance des richesses me force à faire un choix, tout en renouvelant mes vœux pour que le *Bulletin* (1) nous en donne la nomenclature complète. Nous citerons :

Les Promenades du jeudi, par MM^mes^ la comtesse Drohojowska et Pinet. — *Fanchonnette*, par un des membres les plus dévoués de la Société, Mlle Lilla Pichard. — *La Distribution des prix*, par Mlle Delort. — La *Revue d'économie rurale*, par un des membres les plus actifs de notre conseil d'administration, M. de la Valette. — *L'Acclimatation et la domestication des animaux*, par feu le savant Isidore Geoffroi Saint-Hilaire.

(1) Voir le *Bulletin* de décembre 1867.

— *L'Ami des animaux,* charmant journal, illustré par Randon. — *Le sort des animaux en campagne,* par M. Decroix, l'éminent hippophile. — *Paix aux animaux,* livre dû à la plume élégante de M. Sorel, instituteur. — *Les Contes pour les grands et les petits enfants,* — *Petit Livre de morale,* — *M. Lesage,* — *Soyons bons pour les animaux,* quatre volumes de notre président honoraire, M. Bourguin, dont tous nous connaissons et apprécions le dévoûment à notre œuvre. — *Examen d'un nouveau mode de ferrure,* par notre savant vice-président, M. Leblanc. — *Les Veillées de l'Instituteur,* par un autre de nos honorables vice-présidents, M. Sibire, ouvrage récemment couronné par la Société protectrice de Lyon. — *L'Air et le Monde aérien,* — *Le Désert et le Monde sauvage,* deux beaux livres de mon excellent et savant ami Arthur Mangin. — *Nos cruautés envers les animaux,* — *Les Courses de taureaux, — De la rage chez les chiens*, trois volumes de l'infatigable docteur Blatin. — Le *Petit Catéchisme de la protection*, par M. Lelion Damiens. — Les *Entretiens populaires* et l'*Almanach des Chemins de fer*, par Évariste Thévenin, etc., etc.

Des albums photographiques, des gravures de tous genres complètent cette démonstration des principes de la Société.

Les tablettes-pupitres sur lesquelles sont exposées toutes ces publications, et bien d'autres que je ne nomme pas, sont surmontées d'une planche verticale dont les deux faces ont été ingénieusement utilisées. Sur celle qu'on voit en entrant, on lit la loi Grammont, applicable aux délits commis contre les animaux, et en regard l'indication du but de la Société, qui enseigne la douceur et récompense les bons traitements; double et salutaire leçon qui profitera, je l'espère, à beaucoup de visiteurs. Quant à l'autre face, elle contient par ordre alphabétique les noms de tous les membres de notre Société, précieuse propagande qui certainement nous attirera de nombreux adhérents, car ceux qui liront cette liste et qui y rencontreront un nom ami n'hésiteront pas à venir s'associer à nous.

Dans la partie droite du pavillon, on trouve des objets exposés par les Sociétés étrangères. L'une d'elles exhibe un attelage modèle pour les chiens. Ce n'est pas dans un esprit de critique que nous signalons ce détail; c'est au contraire pour démontrer que les Sociétés protectrices ne cherchent pas à protéger les animaux au détriment de l'homme. Les législations allemande et belge autorisent ces attelages que prohibent chez nous des réglements de police. Nos confrères ont donc raison de chercher à adoucir le travail des chiens.

Je suis loin d'avoir épuisé ce sujet; mais je m'arrête, dans la crainte d'abuser de votre patience. Permettez-moi donc de conclure :

1° En offrant, au nom de toute la Société, nos remercîments aux organisateurs de cette belle exposition. Il serait superflu d'ajouter aucun éloge; leurs noms vous sont trop connus et trop chers pour qu'il ne suffise pas de vous désigner : MM. Blatin, Leblanc, Boncompagne, A. Petetin, Bourguin, docteur Pigeaux, Crivelli, Prud'homme, Decroix, général de Pointe de Gévigny, Heudebert, Saussay, A. de la Valette, Sibire, Ph. Lafitte, P.-B. Fournier.

2° Par un vœu qui vous paraîtrait étrange si vous ne me laissiez le justifier par deux mots d'explication :

J'espère qu'un jour luira où les SOCIÉTÉS PROTECTRICES DES ANIMAUX DEVIENDRONT INUTILES et passeront à l'état de souvenirs, comme ces vieilles institutions féodales qui sont mortes après avoir rendu tous les services dont elles étaient capables.

Quand on voit des hommes éminents par le talent, par la position, par la fortune, par le dévoûment, s'occuper aussi activement d'une œuvre, on peut, sans passer pour optimiste, prédire que dans un temps donné leur but sera atteint, leurs efforts couronnés de succès. Quand donc la Société aura fait passer dans les mœurs de tous les idées et les sentiments qui sont dans le cœur de chacun de ses membres, sa mission sera accomplie, et chaque animal, trouvant dans son maître un protecteur et un ami, il ne restera plus qu'un souvenir de la Société protectrice des animaux, dont les œuvres attendent votre visite au Champ-de-Mars.

LE ROI DES ANIMAUX.

En se décernant ce titre, l'homme a plus fait pour constater ses devoirs que sa puissance; c'est même ce qu'il a de commun avec tous les rois, car figurez-vous ce que serait un roi sans sujets.

N'oublions pas que :

Les animaux peuvent vivre sans l'homme, tandis que l'homme ne saurait vivre sans les animaux.

Cette simple réflexion, dont il est facile de prouver l'absolue vérité, doit nous donner à réfléchir.

L'homme, suivant l'énergique expression d'un

ancien, a été jeté nu sur la terre nue (*nudus in nudâ humo*). C'est par son industrie qu'il est parvenu à vêtir son corps et la terre. Voyons comment il a procédé pour atteindre ce but.

Pressé par la faim, il a cherché des aliments. Il a trouvé les œufs des oiseaux. Armé d'un arc ou d'une fronde, il a tué le cerf et la biche, et s'est nourri de leur chair, vêtu de leur peau; puis il a domestiqué certaines espèces et les a habituées à lui fournir leur lait, leurs œufs, leur part.

S'élevant d'un degré dans la civilisation et ne voulant pas habiter, comme les animaux, l'anfractuosité d'un rocher ou un trou sombre sous la terre, l'homme a pensé à se construire une maison décente et commode. Tous les matériaux n'étaient pas sous sa main : les uns étaient trop éloignés, les autres trop lourds pour qu'il pût facilement les transporter sur le lieu qu'il avait fixé pour sa construction. A qui eut-il recours pour l'aider dans cette entreprise? A ces *bêtes de somme* dont le nom est injustement devenu un terme de mépris. Pour être des bêtes de somme, le bœuf et le cheval n'en sont pas moins de précieux auxiliaires qui s'attachent à la main qui les guide, si cette main, au lieu d'être dure et cruelle, est juste et caressante pour eux.

Voilà donc les animaux qui ont fourni à l'homme le vivre et le couvert. Mais bientôt, ses désirs croissant avec son bien-être, l'homme ne se contenta plus de ces tributs rudimentaires : il lui fallut du confort. C'est encore les animaux qui le lui fournirent : les rivières, le fond des mers approvisionnèrent sa table des poissons les plus délicats; les brebis offrirent leur laine pour former ces tissus doux et soyeux qui remplacèrent si avantageusement les peaux sanglantes et rudes des bêtes fauves; des troupeaux furent formés, et leur multiplication devint une source de richesse pour leurs propriétaires.

Plus encore : le chien fut dressé à la chasse, et ce fidèle compagnon, traître à ses frères, devint le limier chargé d'amener le gibier sous les coups du roi des animaux. *Cæsar, te morituri salutant.*

Quand on considère tout ce que l'homme doit aux animaux, ne peut-on pas s'étonner qu'il soit nécessaire de le rappeler à des sentiments plus humains pour eux? Mais le roi de la création est un singulier animal qu'il faut sans cesse remettre à la raison. On a bien été obligé de faire une loi pour lui apprendre qu'il ne devait pas couper son blé en herbe. Il n'est donc pas étonnant qu'il faille réprimer ses abus de pouvoir contre les animaux, auxiliaires de son bien-être, sources de sa fortune, éléments de sa vie.

L'histoire de l'homme a été faite plus de cent

fois; celle des animaux est encore à faire. Nous n'avons pas la prétention de l'entreprendre ici; mais nous voulons au moins tracer les grandes lignes du monument qu'on devrait leur élever, et sur le fronton duquel nous écririons:

PANTHÉON DES ANIMAUX.

AUX BONS ANIMAUX

LES HOMMES RECONNAISSANTS.

Si, le plus souvent, l'homme s'est montré injuste et cruel envers les animaux, il faut aussi reconnaître que, séduit par certaines qualités spéciales à plusieurs d'entre eux (et ce ne sont pas toujours les meilleures), il leur a accordé des honneurs, d'un mince profit, il est vrai, mais enfin aussi relevés que possible, puisqu'il en a fait, païen, des dieux et, chrétien, des symboles de patrie et de gloire. Aussi, dès le vestibule du futur panthéon des animaux, nous placerons :

I.

LES ANIMAUX DRAPEAUX.

L'Alouette	Gaule.
Le Coq	France.
L'Aigle	France.
L'Aigle à une et deux têtes.	Prusse et Russie.
Le Léopard	Autriche.
Le Lion	Angleterre et Hollande.
Le Lion ailé	Venise.
La Licorne	Pologne.
Etc., etc.	

II.

LES ANIMAUX DÉCORATIONS.

Albert-l'Ours	Anhalt-Dessau.
Henri-le-Lion	Brunswick.

4

L'Éléphant	Danemark.
La Toison-d'Or	Espagne.
Le Lion-d'Or	Hesse-Électorale.
L'Aigle-d'Este.	Modène.
Le Lion-d'Or	Nassau.
Le Lion-Néerlandais. . .	Pays-Bas.
Le Lion-d'Or	Luxembourg.
Le Cygne.	Prusse.
L'Aigle-Noir	Prusse.
L'Aigle-Rouge.	Prusse.
L'Aigle-Blanc.	Russie.
Le Faucon-Blanc	Saxe-Weimar.

Etc., etc.

III.

LES ANIMAUX HISTORIQUES.

La Colombe, qui rapporta à Noé la branche d'olivier.

La Baleine, qui servit de refuge à Jonas.

Le Bouc émissaire, qui se chargeait des péchés d'Israël.

Les Abeilles, qui nourrirent David.

Les Oies, qui sauvèrent le Capitole.

Le Lion d'Androclès, qui refusa de manger son bienfaiteur.

Le sensible Lion de Florence, qui rendit à la mère éplorée l'enfant qu'il lui avait ravi.

Le Chien de Montargis, qui vengea son maître assassiné.

Le célèbre Munito, qui, plus intelligent que certains hommes, sut jouer aux dominos.

Le dernier ami du pauvre, ce Chien légendaire qui mourut sur une tombe.

Etc., etc.

IV.

LES ANIMAUX UTILES.

Le Bœuf et le Cheval, qui vivants travaillent pour l'homme, et morts le nourrissent.

L'Ane, ce sobre compagnon, au pied sûr.

La Vache, la Chèvre, la Brebis, qui nous donnent leur lait, leur viande, leur poil, ou leur lait et leur peau.

La Poule, qui nous nourrit de ses œufs, de sa chair, et nous réchauffe de sa plume.

Les Oiseaux, qui détruisent les insectes et protégent nos récoltes.

V.

LES ANIMAUX PROVERBES.

Industrieux comme le Castor.

Prudent comme le Serpent.

Rusé comme le Renard.

Adroit comme le Singe.

Hardi comme le Coq.

Travailleur comme l'Abeille.

Économe comme la Fourmi.

Clairvoyant comme l'Aigle.

Fidèle comme le Chien.

Fort comme le Lion.

Cruel comme le Tigre.

Vif comme l'Écureuil.

Vain comme le Geai.

Orgueilleux comme le Paon.

Étourdi comme le Hanneton.

Avide comme le Brochet.

Timide comme le Lièvre.

Vorace comme le Loup.

Sot comme le Dindon.

Doux comme le Mouton.

Entêté comme le Mulet.

Sobre comme le Chameau.

Bavard comme le Perroquet.

Etc., etc.

Il nous semble qu'en creusant tous ces faits dont nous venons d'indiquer rapidement la simple superficie, il serait facile de démontrer que, juste à certaines heures, l'homme sait quelquefois dire la vérité même sur les animaux, et que ce n'est que par aberration mentale qu'il exerce contre eux des cruautés qui sont sa condamnation et sa ruine.

Pour nous, en terminant ce rapide exposé, nous déclarons que l'homme cruel envers les animaux est cruel aussi envers les hommes. « On n'a pas deux cœurs, l'un dur pour les animaux, l'autre bienveillant pour les hommes. » Non, la nature ne nous a donné qu'un cœur : c'est à nous d'en user honnêtement.

L'homme doux pour ses semblables est doux aussi pour les animaux.

AUX INSTITUTEURS.

LA LOI GRAMMONT.

Il est de bon goût, parmi les gens bien pensants et bien posés, de conspuer la Révolution de février; que ceux qui y ont perdu leurs priviléges la maudissent, cela se conçoit sans s'excuser; mais que ceux qui lui doivent le peu de bien-être dont ils jouissent se fassent l'écho de ces malédictions intéressées, voilà ce qu'on ne peut comprendre et s'expliquer que par leur ignorance.

Sans parler des avantages politiques incontestables que le plus grand nombre doit à la Révolution de 1848, citons quelques-uns des bienfaits dont, TOUS, nous lui sommes redevables :

18 décembre 1848. — Décret du général Cavaignac, chef du pouvoir exécutif, instituant les commissions d'hygiène par canton, arrondissement, département.

13 avril 1850. — Loi contre les logements insalubres.

18 juin 1850. — Création de la *Caisse de la Vieillesse.*

2 juillet 1850. — Loi dite Grammont, protégeant les animaux.

Etc., etc.

C'est de cette dernière dont j'ai à dire quelques mots; voici son texte :

« Seront punis d'une amende de cinq à quinze francs, et pourront l'être de un à cinq jours de prison ceux qui auront exercé publiquement et abusivement des mauvais traitements envers les animaux domestiques.

« La peine de la prison sera toujours appliquée en cas de récidive.

« L'article 465 du Code pénal sera toujours applicable. »

Lorsqu'on veut adoucir les mœurs d'une nation, il n'y a pas de petit moyen qui ne soit efficace pour atteindre ce but élevé; et, souvent même, les efforts détournés réussissent mieux que les moyens directs. Il est certain que si l'on parvenait à adoucir assez les hommes pour qu'ils ne maltraitassent plus les animaux, il ne se trouverait, à plus forte raison, aucun homme capable de battre sa femme, ses enfants, ses voisins. — Voilà le côté moral de cette loi. — En pratique, elle fait disparaître une bizarre lacune du Code pénal qui, par application d'une loi de 1791, punit le meurtre de l'animal d'*autrui*, sans parler du meurtre accompli sur l'animal par son propriétaire lui-même. Il est évident qu'en punissant le meurtre de l'animal d'autrui, ce n'est pas l'animal que vous protégez comme un être digne de pitié : c'est la propriété que vous défendez, et rien de plus. — La loi Grammont établit que, propriétaire ou non, vous n'avez pas le droit de faire subir de mauvais traitements aux animaux.

Le reproche qu'on peut lui adresser, c'est d'avoir limité sa protection aux animaux *domestiques;* mais si le juge a le cœur sensible, il saura donner de l'élasticité à cette épithète.

Voulant respecter l'inviolabilité du domicile du citoyen, le législateur a exigé que les faits coupables, pour être punissables, fussent accomplis *publiquement*, c'est-à-dire que l'individu qui ferme la porte de sa maison pour se livrer à ses fureurs contre des animaux échappe à la vindicte légale. Mais, en revanche, tout citoyen, membre ou non d'une société protectrice, a le droit — et nous ajoutons : le devoir — de requérir l'intervention de l'agent de la force publique contre quiconque, sur la voie publique, maltraite un animal.

Si tous les amis des animaux étaient bien convaincus qu'il vaut mieux prévenir que punir, s'ils se donnaient la peine de montrer qu'il y a autant d'intérêt que d'humanité à être doux pour les animaux, ils feraient une telle propagande, ils formeraient des associations si nombreuses et si fortes, que la minorité brutale et violente se verrait bientôt contrainte moralement et physiquement de traiter les animaux avec la douceur à laquelle a droit toute créature vivante.

Il me semble que si cette grande tâche était entreprise par tous les Instituteurs de France, l'adoucissement des mœurs serait rapidement obtenu par ces modestes et vaillants pionniers de la civilisation.

Ce ne sera pas en vain, je l'espère, que j'aurai adressé cet appel à leur cœur et à leur dévoûment patriotique.

E. T.

TABLE DES MATIÈRES.

Pages.

Dédicace 5

Introduction 9

TROIS HISTOIRES VRAIES :

Au village 11

Sur les routes 19

Dans les villes 27

Épilogue 39

Note sur l'Exposition de la Société protectrice des animaux au Champ-de-Mars 41

Le roi des animaux 56

Aux instituteurs. — La loi Grammont 67

www.ingramcontent.com/pod-product-compliance
Lightning Source LLC
LaVergne TN
LVHW020042170826
845678LV00001B/394
9782329690452